中国农业科学院年度报告

CAAS ANNUAL REPORT

2017

中国农业科学院国际合作局　编

中国农业科学技术出版社

图书在版编目（CIP）数据

中国农业科学院年度报告. 2017 / 中国农业科学院国际合作局

编. —北京: 中国农业科学技术出版社, 2018.6

ISBN 978-7-5116-3601-0

Ⅰ. ①中… Ⅱ. ①中… Ⅲ. ①中国农业科学院－研究

报告－2017 Ⅳ. ①S-242

中国版本图书馆CIP数据核字(2018)第070982号

英文版翻译　　中国日报社

设　　　计　　周杨

责 任 编 辑　　张志花

责 任 校 对　　李向荣

出 版 者　　中国农业科学技术出版社

　　　　　　　北京市中关村南大街 12 号　邮编: 100081

电　　　话　　（010）82106636（编辑室）　（010）82109702（发行部）

　　　　　　　（010）82109709（读者服务部）

传　　　真　　（010）82106631

网　　　址　　http://www.castp.cn

经 销 者　　各地新华书店

印 刷 者　　北京科信印刷有限公司

开　　　本　　880毫米 ×1230毫米　1/16

印　　　张　　4

字　　　数　　135 千字

版　　　次　　2018年6月第1版　2018年6月第1次印刷

定　　　价　　68.00 元

《中国农业科学院年度报告 2017》
编 委 会

院长致辞

2017年是中国农业科学院建院60周年，中共中央总书记习近平发来贺信，提出了"面向世界农业科技前沿、面向国家重大需求、面向现代农业建设主战场，加快建设世界一流学科和一流科研院所""推动我国农业科技整体跃升"的发展要求。在习近平总书记贺信精神和党的十九大精神指引下，我院科研立项与重大成果产出再获丰收，创新联盟建设与院地合作取得可喜进展，农业科技国际合作成效显著，人才强院战略加快实施，院所能力条件建设水平迈上新台阶，进一步彰显了农业科研国家队的整体实力和国际影响力。

2017年，全院新增主持各级各类课题2222项，合同总经费20.6亿元，国家重点研发计划项目立项数占农口的22.8%。以第一完成单位荣获国家科技奖7项，占农业领域授奖总数的23.3%；在国际高水平期刊发表论文23篇，同比增长23.1%。国家创新联盟重点建设了20个标杆联盟，深入实施了12个绿色发展技术集成研究与示范项目，科技成果转化收入大幅增长。国家作物种质库等一批重大工程建设取得重要进展，国家动物疫病防控生物安全高级别实验室通过验收，与四川省成都市政府合作成立国家成都农业科技中心，与新疆维吾尔自治区昌吉回族自治州合作建设西部农业研究中心。组织召开"一带一路"农业科技发展峰会等大型国际农业科技会议，新建国际农业科学联合实验室23个，巩固提升16个，积极推进发起以我为主的国际大科学计划，构建面向全球的科技创新体系，国际合作引领作用日益提升。

中国农业科学院的发展离不开社会各界和国际友人的长期支持及帮助，在此，谨向各位致以诚挚的感谢和良好的祝愿。真诚欢迎大家前来交流合作。

中国农业科学院院长
中国工程院院士

2017年度主要数据

中国科学院和
中国工程院院士13人

院机关行政
管理部门10个

9个共建研究所

研究生导师1797人
其中博士生导师556人
专兼职教师508人
在校研究生5119人

1个出版社

专利授权673项
78件植物新品种权
8项中国专利优秀奖

1个研究生院

发表SCI/EI论文
2516篇
以第一署名单位
在国际高水平期
刊发表论文23篇

34个直属研究所

各类科技成果114项
国家级科技奖7项
省级科技奖一等奖29项

职工7026人
其中管理人员1578人
专业技术人员5911人
工勤技能人员983人

与国际科研机构签署科
技合作协议121份
新建23个国际合作平台
申报各类国际合作项目
438项
获得批准174项
举办援外培训班20个

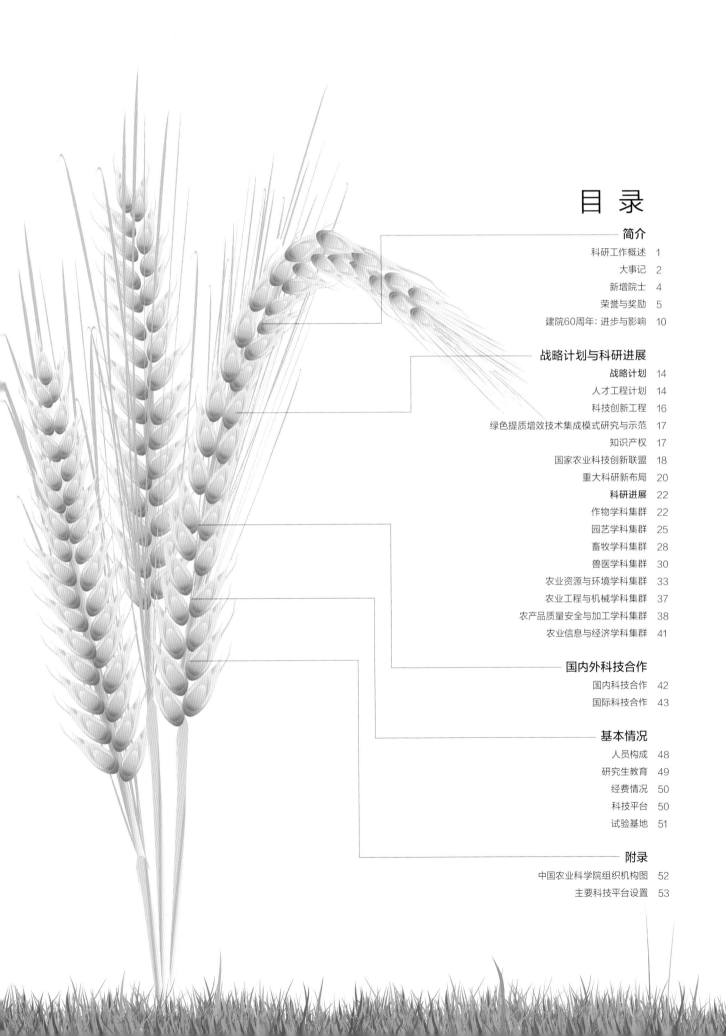

目 录

科研工作概述

　　2017年，中国农业科学院按照"三个面向""两个一流"和"一个整体跃升"目标要求，强化科技创新工程的引领地位，强化科技资源统筹配置，强化科研管理能力建设，大力推进"十三五"科技发展规划实施，全院科技创新能力、成果转化能力和科研保障能力持续提升。

高水平论文

全年共发表SCI/EI论文2516篇，比上年增长16.6%，以第一署名单位在国际高水平期刊发表论文23篇。

科技成果奖励

全年共获得各类科技奖励114项，以第一完成单位荣获国家科技奖励7项，占农业领域授奖总数的23.3%。11项成果获2016-2017年度中华农业科技奖一等奖，占一等奖总数的27.5%。29项成果获省级一等奖。127个作物新品种通过国家或省级审定，获得国家一类新兽药2个。

成果转化与推广

全院推广应用新品种190个、新产品650个、新技术230项，其中有27项主推技术入选2017年农业部（现农业农村部，全书同）主推技术，约占30%。科技成果推广总面积2733.33万公顷，推广畜禽3.2亿头（羽）。组织科技下乡8万人次，举办现场展示观摩会、技术培训咨询等科技服务活动1.4万次，培训各类基层技术人员和农牧民115万人次。

知识产权

全院发明专利公布1807件，发明专利授权673件，实用新型专利905件，分别比上年增加17.59%、0.60%和4.75%。植物新品种授权量78件，比上年增加11.43%。全年有25个研究所进行了成果转化，共转化科技成果247项，转化收入达5.4亿元，比上年增加17%。全院获得中国专利优秀奖8项。

大事记

2

1月

- 我院2017年工作会议在京召开。农业部副部长张桃林出席会议并讲话。农业部党组成员、我院院长唐华俊做工作报告。

- 我院深圳农业基因组研究所、蔬菜花卉研究所共同在番茄风味品质研究中取得重要突破，相关研究成果以封面文章的形式发表在《科学》（SCIENCE）上。
- 我院农业科技培训指导委员会召开第二次全体会议，总结2016年工作成效，部署2017年培训重点。我院副院长、主任委员王汉中出席会议。

2月

- 我院植物保护研究所揭示了病毒抑制植物RNA沉默新机制。相关研究成果在线发表在《科学公告图书馆-病原学》（PLoS PATHOGENS）上。

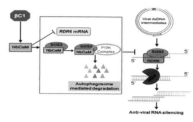

- 我院发布科技创新工程"十三五"发展规划。该规划将推动全院世界一流农业科研院所建设步伐，增强科技对农业产业发展的贡献度，支撑我国农业现代化建设。
- 我院党组书记陈萌山、副院长吴孔明会见莫桑比克共和国议长韦罗尼卡·马卡莫女士一行，全国人大外事委员会委员杨建亭陪同来访。双方就如何在中非合作论坛约翰内斯堡峰会共识下加强农业科技合作进行了深入交流。

3月

- 我院饲料研究所成功创制新型抗生素替代品——新型抗菌抗内毒素双效肽。相关研究成果发表在《科学报道》（SCIENTIFIC REPORTS）上。

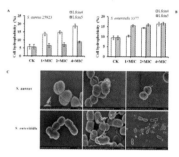

- 我院党组书记陈萌山主持召开我院对口帮扶阜平脱贫致富工作协调会议。副院长王汉中与阜平县人民政府签署对口帮扶框架协议。

4月

- 我院作物科学研究所在水稻粒宽与粒重调控机制研究中取得重要进展，揭示了控制水稻粒宽与粒重关键基因GW5通过调节油菜素内酯（brassionsteroids, BR）信号途径调控水稻籽粒发育的新机制。相关研究成果在线发表在《自然-植物》（NATURE PLANTS）杂志上。
- 我院哈尔滨兽医研究所发现抗艾滋病病毒的天然免疫机制，相关研究成果在线发表在《病毒学杂志》（JOURNAL OF VIROLOGY）上。
- 由我院农业信息研究所主办的2017中国农业展望大会在北京开幕。农业部市场预警专家委员会在会上发布了《中国农业展望报告（2017-2026）》。

5月

- 新华社北京5月26日电 中共中央总书记、国家主席、中央军委主席习近平26日致信祝贺中国农业科学院建院60周年，向全体农业科研人员和广大农业科技工作者致以诚挚问候。
- 新华社北京5月26日电 中共中央政治局常委、国务院总理李克强做出批示表示祝贺。
- 国务院副总理汪洋5月25日到我院考察调研。
- 由我院主办的"国际农业科技发展峰会"5月27日在京召开，来自全球7个国际组织和18个"一带一路"沿线国家的农业部及农业科研机构高级代表，国内30多家省级农科院、农业大学负责人共180余人参加了会议。

6月

- 我院党组书记陈萌山会见来访的科特迪瓦经济社会理事会主席夏尔·科菲·迪比一行，就加强双边农业科技合作进行了讨论。
- 我院副院长吴孔明随科技部代表团赴比利时布鲁塞尔参加第三次中欧创新合作对话。

- 由我院与联合国粮农组织世界粮食安全委员会共同举办的"农业转型与城镇化背景下的可持续食物安全与营养国际研讨会"在京召开。

3

7月

- 我院副院长李金祥率团访问了国际应用生物科学中心、法国农业科学院、国际农业研究磋商组织，就开拓农业科技合作达成一系列共识。

- 我院副院长吴孔明随农业部访问团对乌兹别克斯坦和哈萨克斯坦进行了访问，就进一步加强在棉花、动物卫生、农产品储藏加工、桑蚕深加工和化肥生产等方面重点项目合作达成共识。

- 我院副院长王汉中率团出访保加利亚、捷克、德国农业科教单位，就推进联合实验室建设等方面达成了初步意愿，并召开了首届中–保农业科技研讨会。

8月

- 我院农业科技"走出去"研讨会在京召开，就信息服务平台、国际化农业科技人才队伍建设、创新农业科技"走出去"体制机制等方面进行了深入研讨。

- 我院生物技术研究所在光信号调控植物磷饥饿领域取得重要进展。相关研究成果在线发表在《植物细胞学》（The PLANT CELL）上。

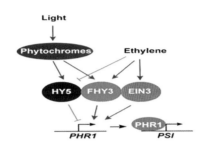

- 我院召开2017年试验基地管理工作会议。会议全面总结了所取得的成绩，梳理了存在的主要问题和短板、研讨了未来的发展。

9月

- 我院副院长万建民出席中–挪第二次科技联委会及中国与挪威极地农业气候变化和农业创新合作论坛活动，与挪威生物经济研究院签署了两院农业科技合作备忘录。

- 我院副院长吴孔明赴格鲁吉亚首都第比利斯出席国际植物保护公约与联合国粮农组织召开的中东欧和中亚地区研讨会，访问格鲁吉亚农业部与农科院，共商在FAO–中国南南合作机制下，积极推进我院与丝绸之路经济带沿线国家的农业科技合作。

- 我院党组书记陈萌山率团对加拿大、智利、哥伦比亚3国科研单位进行访问，签署了3份农业科技合作备忘录。

10月

- 农业部党组成员、我院院长唐华俊率何中虎、魏灵玲等5位党的十九大代表，出席十九大新闻中心举办的第五场集体采访。

- 我院召开国家重点实验室运行管理研讨会，要求从学科发展前沿和国家重大需求出发，凝练重大科学问题和研究方向，力争获得一批高水平成果，把实验室建设成高水平的实验平台。

11月

- 我院特产研究所在国际上首次破译鹿科动物全基因组序列。相关研究成果在线发表在GIGASCIENCE上。

- 我院副院长梅旭荣会见来访的法国农业国际合作研究发展中心主席米切尔•艾迪一行，双方就进一步深化农业科技合作交换了意见。

- 我院党组成员、人事局局长贾广东率团对捷克作物科学研究所、联合国粮农组织、国际应用生物科学中心、英国雷丁大学进行访问，深化落实了相关合作协议。

12月

- "中德食物营养研讨会"在我院召开，就中德两国食物营养发展战略进行了探讨。

- 农业部党组成员、我院院长唐华俊率团赴新西兰、澳大利亚、印度尼西亚农业科研教学机构和国际农业研究机构进行访问，共签署了7份合作备忘录。

- 由我院主办、深圳农业基因组研究所承办的第七次中国–欧盟食品农业和生物技术工作组会议在深圳举行，该会议研讨了下一阶段工作组落实"中欧研究与创新合作共同资助机制"的有关工作方案、优化工作组对话机制相关措施等。

4

新增院士

王汉中

研究员 / 中国农业科学院副院长

长期从事油菜遗传育种研究，主持油菜高产油量国家973项目等20多项国家重点研究项目（课题）。在 *Nature Genet*、*PNAS*、*Plant J* 等权威刊物发表论文123篇，被引4673次，其中最高单篇被引1023次。获欧洲发明专利1项、国家发明专利15项，获中国专利优秀奖1项。以第一完成人获国家技术发明二等奖1项、国家科技进步二等奖1项，获省部级科技成果奖7项。以第一完成人育成双低新品种17个，新品种累计推广666.67万公顷以上。兼任国家油菜产业技术体系首席科学家、农业部油料指导专家组组长、农业部科学技术委员会委员、国家农作物种质资源委员会委员、国际油菜咨询委员会（GCIRC）理事等职务。先后获得全国杰出专业技术人才、中国科学技术协会求是杰出青年成果转化奖、国务院政府特殊津贴和国家"九五"重点科技攻关先进个人等荣誉。

2017年当选中国工程院院士。

陈化兰

研究员 / 中国农业科学院
哈尔滨兽医研究所

致力于禽流感病毒基础研究和疫苗研发，取得了一系列重要发现，深化了对禽流感病毒的认知，为防控决策和技术研发提供了科学依据；获得2013年国家自然科学二等奖（第一完成人）、2007年国家技术发明二等奖（第一完成人）和2005年国家科技进步一等奖（第二完成人）；获首届全国杰出科技人才奖、首届中华农业英才奖、何梁何利基金科学与技术创新奖、中国青年女科学家奖、中国青年科技奖和求是青年创新奖等荣誉。

2017年当选中国科学院院士。

5

荣誉与奖励

2017年国家技术发明二等奖

"优质蜂产品安全生产加工及质量控制技术"项目，由蜜蜂研究所吴黎明研究员主持完成。

2017年国家科技进步二等奖

"中国野生稻种质资源保护与创新利用"项目，由作物科学研究所杨庆文研究员主持完成。

"早熟优质多抗马铃薯新品种选育与应用"项目，由蔬菜花卉研究所金黎平研究员主持完成。

"高光效低能耗智能LED植物工厂关键技术及其系统集成应用"项目，由农业环境与可持续发展研究所杨其长研究员主持完成。

"全国农田氮磷面源污染监测技术体系创建与应用"项目，由农业资源与农业区划研究所任天志研究员主持完成。

"食用菌种质资源鉴定评价技术与广适性品种选育"项目，由农业资源与农业区划研究所张金霞研究员主持完成。

"花生抗黄曲霉优质高产品种的培育与应用"项目，由油料作物研究所廖伯寿研究员主持完成。

6

荣誉与奖励

国家杰出青年科学基金项目获得者

植物保护研究所
王桂荣研究员

"创新人才推进计划"重点领域创新团队

饲料研究所姚斌研究员领衔的健康养殖新型酶制剂创新与应用创新团队

国家优秀青年科学基金项目获得者

作物科学研究所
童红宁研究员

蔬菜花卉研究所
程锋副研究员

荣誉与奖励

入选国家百千万人才工程、获得"有突出贡献中青年专家"荣誉称号

作物科学研究所
李新海研究员

植物保护研究所
王桂荣研究员

北京畜牧兽医研究所
赵桂苹研究员

生物技术研究所
张春义研究员

农业资源与农业区划研究所
曹卫东研究员

棉花研究所
严根土研究员

8

荣誉与奖励

"创新人才推进计划"中青年科技创新领军人才

作物科学研究所
李文学研究员

植物保护研究所
高利研究员

蜜蜂研究所
吴黎明研究员

饲料研究所
罗会颖研究员

农产品加工研究所
张春晖研究员

农业资源与农业区划研究所
张瑞福研究员

哈尔滨兽医研究所
李呈军研究员

兰州兽医研究所
郭慧琛研究员

荣誉与奖励

"创新人才推进计划"中青年科技创新领军人才

上海兽医研究所
程国锋研究员

深圳农业基因组研究所
李盛本研究员

首届全国创新争先奖章

作物科学研究所
李少昆研究员

作物科学研究所
何中虎研究员

首届全国创新争先奖状

北京畜牧兽医研究所
侯水生研究员

棉花研究所
严根土研究员

建院60周年：进步与影响

　　伴随着我国科技事业的发展，成立于1957年的中国农业科学院已走过60年的光辉历程。60年来，筚路蓝缕，春华秋实。在党中央、国务院的领导和关怀下，中国农业科学院始终牢记农业科研国家队使命，以服务"三农"为己任，不断提升科研创新能力与综合实力，引领带动全国农业科技进步。60年来，栉风沐雨，薪火相传。经过几代农科人的不懈努力，积淀了深厚的文化底蕴，已发展成为在国际上享有重要影响力的国家级综合性农业科研机构。

　　60年来，中国农业科学院获得科技成果6131项，国家科技奖励成果310项，占全国农业领域授奖成果总量的16.2%，国家特等奖1项，国家科技奖励一等奖19项，占全国农业领域一等奖授奖总数的24%。

　　选育重大品种，支持粮食安全：开展了大规模农作物种质资源考察收集与创新利用，长期保存种质资源48万份，保存量位居世界第二。培育水稻、小麦、玉米高产、优质、多抗、广适应性新品种360个，播种面积共计1.6亿公顷。研发了主要病虫害综合防控技术，实现了良种良法配套，为我国主要粮食作物平均单产由1957年的1662千克/公顷提高到目前的6058.5千克/公顷作出了重要贡献。

"印水型水稻不育胞质的发掘及应用"获2005年国家科技进步一等奖

"矮败小麦及其高效育种方法的创建与应用"获2010年国家科技进步一等奖

"中国小麦条锈病菌源基地综合治理技术体系的构建与应用"获2012年国家科技进步一等奖

加速成果转化，助推产品供给：通过引进改良，培育西门塔尔牛，年推广800万头，全国市场占有率达52%；大通牦牛已覆盖我国75%的牦牛产区。创新拥有自主知识产权的抗虫棉，打破国外垄断，培育高产、早熟、多抗转基因抗虫棉新品种200余个，播种面积4000万公顷，占我国抗虫棉总面积的97%以上。

"大通牦牛新品种及培育技术"
获2007年国家科技进步二等奖

培育特色产业，促进农民增收：培育蔬菜、水果、特种经济动植物新品种390余个，其中甘蓝系列新品种年播种面积达100万公顷，约占我国甘蓝播种面积的60%。通过开展绿色增产增效技术集成与示范、科技精准扶贫与科技援藏、援疆，培育了一批地方特色产业，有效推动了我国蔬菜总产量由1997年的3.4亿吨增加到目前的7.9亿吨，促进了农民增收。

"甘蓝自交不亲和系选育及其配制的7个系列新品种"获1985年国家技术发明一等奖

"柑橘良种无病毒三级繁育体系构建与应用"获2012年国家科技进步二等奖

"梅花鹿、马鹿高效养殖增殖技术"获2004年国家科技进步二等奖

防控重大动物疫病，维护公共卫生安全：解析重大动物疫病致病机理，创制了安全高效的禽流感、口蹄疫、马传染性贫血病、猪蓝耳病等疫苗，并实现了产业化。其中禽流感疫苗占国内市场95%以上的份额，并推广应用到越南、印度尼西亚等东南亚国家。口蹄疫疫苗已实现我国主要口蹄疫多发区的广泛使用。消灭了牛瘟、牛肺疫等疾病，有效控制了我国禽流感等人畜共患病、口蹄疫等重大动物疫病的暴发流行，有效维护了我国公共卫生安全。

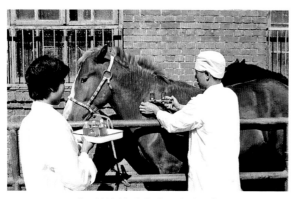

"马传染性贫血病弱毒疫苗"
获1983年国家技术发明一等奖

"口蹄疫系列灭活疫苗"先后获1999年国家技术发明
二等奖和1987年、2016年国家科技进步二等奖

强化原始创新，突破科技前沿：利用新一代测序技术，完成了小麦（D基因组）、油菜、棉花、黄瓜、马铃薯、番茄、白菜、甘蓝等农作物基因组测序与框架图构建，解析了农业动植物诸多复杂性状的遗传控制网络与机制，克隆了产量、品质、抗性等重要性状关键基因30多个，在 *Science*、*Nature* 等国际顶尖期刊上发表论文20余篇，10位专家入选汤森路透2016年度中国高被引学者榜单。

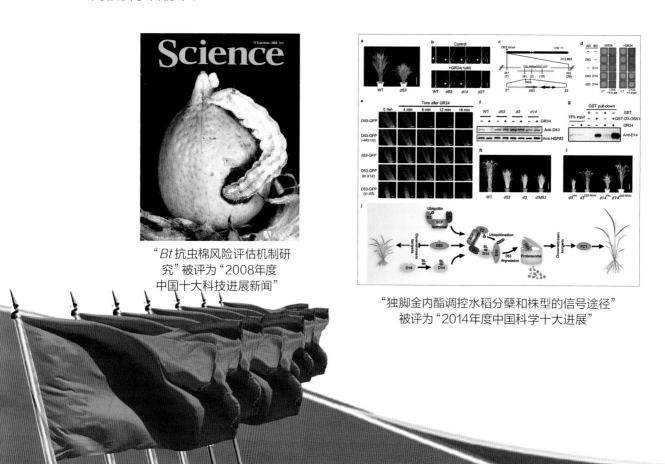

"*Bt*抗虫棉风险评估机制研究"被评为"2008年度中国十大科技进展新闻"

"独脚金内酯调控水稻分蘖和株型的信号途径"被评为"2014年度中国科学十大进展"

突破关键技术，促进可持续发展： 通过中低产田改良综合技术研发与应用，提升了低质农田增产能力。其中，60年代研发的"冬干鸭屎泥改造水稻'坐秋'及低产田改良技术"使水稻单产翻了一番。研发的节水旱作技术显著提高了农业水资源利用率，年应用面积近666.67万公顷、新增粮食30亿千克。创建国家级农业遥感监测技术体系，为应对气候变化、农业防灾减害、缓解水资源短缺、实现农业可持续发展提供了技术支撑。

"主要农作物遥感监测关键技术研究及业务化应用"
和"农业旱涝灾害遥感监测技术"分别获
2012年和2014年国家科技进步二等奖

推动科技"走出去"，提升国际影响力： 积极配合国家"一带一路"倡议，推动我院60余项技术和产品走向亚、非、美、欧150多个国家。为非洲和亚洲国家培育64个绿色超级稻品种，播种面积超过200万公顷。"中棉"系列新品种已在中亚各国推广应用，单产提高60%。高致病禽流感疫苗在埃及和东南亚国家广泛使用，累计出口5.7亿多羽份，为全球粮食安全和农业可持续发展作出了贡献。

"中棉"系列棉花新品种走向中亚
助推农民增产增收

绿色超级稻品种缓解亚非粮食
短缺问题

饲料植酸酶高效生产技术已推广应
用到欧美等发达国家

面向未来，中国农业科学院将不忘初心，砥砺前行，充分发挥"改革排头兵、创新国家队、决策智囊团"的作用，为实施乡村振兴战略，加快推进农业农村现代化作出更大贡献。

14

战略计划

人才工程计划

（1）青年人才工程规划（2017—2030）

"青年人才工程规划（2017—2030）"是2017年中国农业科学院启动的一项面向未来、追求跨越、增强核心竞争力的重大工程，旨在构建全方位人才建设体系，建成整体规模适度、结构功能明晰、学科布局合理、年龄梯次配备、以服务"三农"为己任的创新、转化和支撑青年人才队伍。计划到2030年，45岁以下青年人才总规模力争达到4750人左右，规模持续维持在全院一线科技人才总量的2/3；青年创新人才3450人左右，青年转化人才340人左右，青年支撑人才960人左右；优秀青年人才总量达到570人左右。

（2）农科英才特殊支持政策

为构建完善的人才发展体系，建立高端引领、重点支持、协同推进的人才引育机制，吸引、凝聚和培育高层次科技人才，激发人才创新创造活力，面向海内外农业科技人才出台了引育并举的《农科英才特殊支持管理暂行办法》。

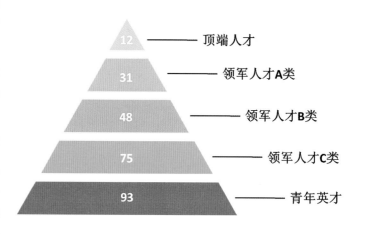

特殊支持主要面向全院全职在岗从事科学研究工作的科技人才，包括培养和引进的顶端人才、领军人才和青年英才3个层次，每年给予不同层次人员相应的科研经费和岗位补助支持。给予顶端人才科研经费200万元/（人·年），岗位补助50万元/（人·年）；领军人才A类科研经费150万元/（人·年），岗位补助30万元/（人·年）；领军人才B类科研经费100万元/（人·年），岗位补助25万元/（人·年）；领军人才C类科研经费80万元/（人·年），岗位补助20万元/（人·年）；青年英才科研经费60万元/（人·年），岗位补助10万元/（人·年）。

2017年中国农业科学院共遴选产生259名农科英才，其中顶端人才12人，领军人才154人，青年英才93人，高层次人才队伍逐渐壮大。

（3）青年英才计划

"青年英才计划"是2013年中国农业科学院启动的一项高目标、高标准和高强度的青年科技人才引进计划，2014年入选首批全国55项重点海外高层次人才引进计划，在海内外引起广泛关注。2017年，为进一步提高青年人才引进的效率和质量，中国农业科学院对该计划进行了修订完善。"青年英计划"下设"引进工程"和"培育工程",面向海内外重点引进和培养40岁以下具有国际视野和高水平的青年学科带头人及创新人才。2017年有12名青年人才成为引进工程院级入选者,22名青年人才成为培育工程院级入选者。

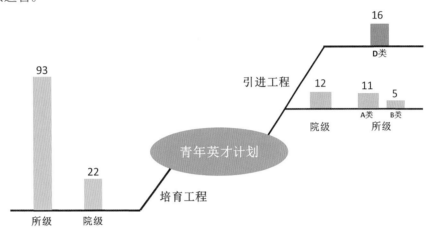

(4) 博士后工作

中国农业科学院博士后科研流动站设立于1991年,现有涉及理学、工学、农学和管理学四大学科领域,包括兽医学、畜牧学、作物学、植物保护、农林经济管理、生物学、园艺学、草学、农业工程等10个博士后流动站,累计招收博士后1463人次,包括127名留学回国人员和48名外籍人员。2017年,中国农业科学院招收博士后152人,在站博士后470人。

科技创新工程实施周期为2013—2025年，与我国"十二五""十三五"和"十四五"计划同步，大致分为3个阶段：

（1）部署准备阶段
（2013—2015年）

（2）调整推进阶段
（2016—2020年）

（3）全面发展阶段
（2021—2025年）

科技创新工程

（1）部署全面推进期工作任务

2017年是科技创新工程从试点期到全面推进期的一个重要转折点，组织召开了全面推进期工作会议，明确了科技创新工程全面推进期的工作思路和重点任务。

（2）加强绩效管理

研究制定了全面推进期绩效管理方案，举办绩效管理培训班，组织院所两级签订绩效任务书；对研究所科技创新工程实施情况开展年度监测；制定创新工程中期诊断评估方案，对研究所开展把脉式诊断评估。

（3）推进协同创新

组织19项协同创新任务的总指挥、技术总师签订任务书，启动与山东农业科学院的合作，探索建立与院外单位的协同创新机制，促进农业科研大联合、大协作。

（4）组织开展农业基因组研究所试点工作

组织农业基因组研究所积极申报科技部等7部委关于"扩大高校和科研院所自主权，赋予创新领军人才更大人财物支配权、技术路线决策权"试点工作。

17

绿色提质增效技术集成模式研究与示范

继续推进水稻、玉米、小麦、大豆、油菜、马铃薯、棉花、奶牛、羊9个产业绿色提质增效技术集成模式研究与示范工作,启动实施了蔬菜、生猪、肉鸭3个产业项目,为我国乡村振兴战略的实施提供了技术储备,为质量兴农、绿色兴农提供了有力的科技支撑。

12个项目共集成180多项先进适用技术,构建了38套可复制可推广的综合技术生产模式;建立试验示范基地120多个,示范面积2.87万公顷,示范奶牛、羊、生猪45万头,覆盖各类主产区和典型生态区18个省(区)。

知识产权

加强指导协调。聘请专家指导研究所提高专利信息分析能力,对麻类作物、农业机械、农产品加工和畜禽养殖废弃物处理等领域进行了专利分析。**加强培训教育。**2017年举办3期院级培训班,包括"专利检索分析实务培训班",与美国加州大学戴维斯分校PIPRA联合举办"知识产权管理与成果转化高级国际培训班",与孟山都公司合办"知识产权护航农业创新培训班"。**加强转化运用。**通过全国农业科技成果转移服务中心,共组织、参加省市级展会28次,技术推介会10次,向参会地区及会议周边省区行业内人员1万余人次推介技术和成果,推动我院及全国多家农业科研机构的科技成果转移转化。

全国农业科技成果转移服务中心　国家种业科技成果产权交易中心

项 农业科技成果发布

国家农业科技创新联盟

关质键量技兴术农 关绿键色技发术展 重区大域问发题展 共科建技共资享源

国家农业科技创新联盟

2017年，国家农业科技创新联盟（以下简称联盟）以推动重大任务落实为抓手，在攻克质量兴农、绿色发展关键技术，实现科技资源共建共享等方面开展协同攻关，强化机制创新和督导检查，逐步规范联盟管理运行。

一是攻克了一批质量兴农关键技术，创制了一批技术产品。奶业联盟研发了生乳用途分级技术，制定了优质乳生产加工标准，并在23家乳品企业中示范应用。棉花产业联盟示范和推广多套植棉新技术，实现优质棉订单面积2.67万公顷，商品棉品质提高1~2级。

二是突破了一批农业绿色发展关键技术，集成示范了一批技术模式。农业废弃物循环利用联盟制订了畜禽粪污土地承载力测算方法，集成了不同养殖规模下的7种畜禽废弃物利用技术模式，开展"整县推进"示范，"京安模式"已成为全国主推模式。水稻绿色增产增效联盟突破了水稻机械化种植、肥料施用、病虫草害综合防控等7套核心技术，推动东北稻区增产5%~10%，化肥、农药减施各10%。

19

三是聚焦区域重大问题，集成了一批技术解决方案。东北玉米秸秆联盟研究集成了秸秆四化关键技术10套，推广面积超过18万公顷，年饲料用秸秆900万吨。华北农业节水增效联盟研究提出二年三熟适雨种植制度，制定了每0.07公顷减少地下水灌溉100立方米和50立方米的高效用水技术模式。

四是强化科技资源共建共享，提高了创新效率。农业大数据与信息服务联盟整合各类文献资源2000余万条、农业科学数据集600多个，实现了联盟内农业科技文献信息资源1小时服务和99.9%的保障水平。农业基础性长期性科技工作建立了"中央–省–地"三级联动的工作体系，形成了以1个数据总中心为核心、10个数据中心为支撑、456个观测实验站为基点的全国农业科学观测网络。

20

重大科研新布局

2017年,中国农业科学院以新理念为统领,以服务创新工程为主线,在重大科研新布局方面取得突破性进展。

国家成都农业科技中心 与成都市政府签署共建国家成都农业科技中心战略合作协议,争取地方10亿元基建投资、200公顷试验用地和每年3000万元专项科研经费,打造农业科技硅谷和国家现代农业试验示范基地,致力于解决制约西南地区乃至全国农业农村可持续发展问题。

西部农业研究中心 与新疆维吾尔自治区昌吉国家农业科技园区、昌吉回族自治州三方共建,面向我国西北地区和中亚各国,联合相关科教机构和农业企业,重点建设"一个核心、四大平台、八项工程",推动国家农业现代化建设。2017年9月中心正式挂牌,完成了13.67公顷建设用地、133.33公顷试验用地划拨,基本建设顺利开工。

国家动物疫病防控生物安全高级别实验室项目　国家动物疫病防控生物安全高级别实验室建设完成并投入使用，总建筑面积2万余平方米，是国内首家通过国家验收的唯一的大动物最高级别生物安全实验室，也是全球第三个可进行马、牛、猪、骆驼等大动物相关研究的生物安全设施。

国家畜禽改良研究中心项目　国家畜禽改良研究中心建设完成并投入使用，总建筑面积近3万平方米，是我国目前规模最大的畜禽资源开发利用与共享平台。可承担动物种质特性的遗传机理研究与优质基因挖掘、动物分子育种研究、转基因动物育种与安全评价、试验动物模型构建与利用研究等多项任务，逐步形成集种质资源、技术支撑和人才培训"三位一体"的开放式科研中心。

科研进展

作物学科集群

（1）小麦重要基因资源发掘与利用

中国农业科学院作物科学研究所张学勇科研团队取得了一系列重要进展：绘制了小麦D基因组供体节节麦的精细图谱，研发了小麦660K SNP芯片，成为中国小麦基因型研究的重要支撑；克隆了中国特有小麦太谷核不育基因*Ms2*，并研究其功能，拓宽了轮回选择育种技术的应用范围；在小麦淀粉合成通路基因的遗传效应及育种选择方面取得进展，发现小麦籽粒淀粉合成关键酶基因*Ta-SUS1*、*TaSUS2*、*TaAGP-L*和*TaAGP-S1* 等在驯化和育种过程中经历了强烈的人工选择，其对粒重的遗传互作效应以简单加性效应为主；发现了影响小麦籽粒发育基因*TaSPL20*和*TaSPL21*的优异单倍型在干旱和热胁迫条件下功能稳定；团队培育的矮秆、多抗、高产新品种"中麦66"通过了河南省审定，并完成产业化转让。

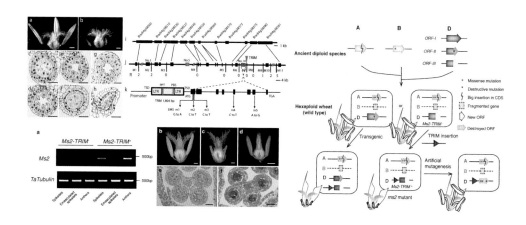

小麦太谷核不育基因*Ms2*的图位克隆（*Nature Communications, 2017, 8: 15407*）

（2）抗除草剂转基因大豆新品种培育

中国农业科学院作物科学研究所邱丽娟科研团队利用自主知识产权基因*G2-EPSPS/GAT*和*G10-EPSPS*进行大批量遗传转化以及转基因材料的抗性鉴定，培育出抗草甘膦转基因大豆新种质。转*G2-EP-SPS/GAT*抗草甘膦大豆新种质GE-J3、GE-J12和GE-J16已获批开展生物安全评价的环境释放试验。抗草甘膦转*G2-EPSPS/GAT*大豆新品系ZH10-6申请进入生物安全评价的生产性试验，并用于培育适宜不同生态区的抗草甘膦大豆新品种。田间试验表明，转*G2-EPSPS/GAT*大豆抗草甘膦除草剂特性突出，可降低生产成本和环境污染，具有良好的产业化前景。

抗草甘膦转基因大豆ZH10-6与非转基因大豆
ZH10喷施草甘膦后的田间对比

（3）长江中下游籼稻优质高产高效新品种培育

中国水稻研究所胡培松科研团队以长江中下游地区籼稻为研究对象，整合传统育种技术和现代生物技术，构建和应用水稻高效育种技术体系，创制了一批聚合优质、高产、抗病、抗虫、节水抗旱、氮磷高效、耐高（低）温、重金属低积累等优良性状的育种新材料，培育出适于长江中下游稻区种植的高产、优质、高效籼稻新品种。目前已审定品种11个，并大面积推广应用。

24

（4）作物种质资源收集、编目、入库与安全保存

中国农业科学院作物科学研究所卢新雄科研团队牵头的国家科技支撑计划项目"作物种质资源收集、编目、入库与安全保存"进展显著，新收集编目入长期库作物种质资源1.1万余份。在种质安全保存理论与技术研究上取得新突破，首次揭示了种子在保存过程中存在活力丧失关键节点（拐点），该拐点是更新临界值，由此可判断种质安全保存年限。研发了种子活力监测技术4项，可实现大豆等种子活力的快速、无损检测和预警。创建了种质安全保存监测预警与安全更新技术体系，为国家库42万份种质安全保存提供技术保障。建立了国家库离体保存技术体系，现已试管苗保存398份和超低温保存166份无性繁殖作物种质资源。

园艺学科集群

（1）黄瓜果实形态建成的遗传机制

中国农业科学院蔬菜花卉研究所黄三文科研团队在黄瓜果实S曲线发育过程的关键时期（开花前3天，以及开花后0天、1天、3天、5天、8天、16天），对瓜头部、瓜中部、瓜把3个部位的果皮和胎座共105份样品进行转录组分析，构建了黄瓜果实发育过程中重要基因的表达网络，挖掘了在不同发育时期、不同果实部位的差异表达基因。发现一组SIN3-HDAC的组蛋白去乙酰化酶复合体的成员。证明突变体果实变短是由于其中Rxt3的G540E突变导致。发现乙烯可能在黄瓜果实发育中起重要作用。克隆了控制果实早期细胞分裂的关键基因*SF1*；证明*SF1*作为一个新的RING-type E3 ligase通过调控乙烯剂量调节黄瓜果实长度。

乙烯相关基因在果实发育早期差异的表达

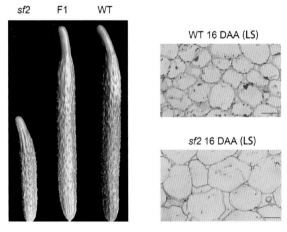

果短突变体*sf2*的细胞分裂受到显著抑制

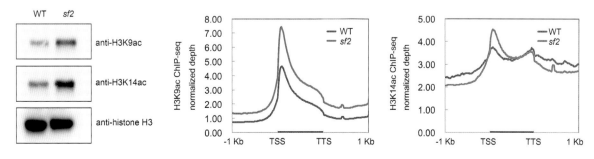

*SF2*蛋白调控果实细胞快速分裂中组蛋白去乙酰化

（2）蔬菜杂种优势利用技术与强优势杂交种创制

中国农业科学院蔬菜花卉研究所李君明科研团队对883份白菜、1037份甘蓝、205份番茄、1904份辣椒、459份黄瓜等核心资源进行了优势群划分；分别配制了120份大白菜、502份黄瓜杂交组合杂种优势预测群体，初步预测了大白菜晚熟类型关键性状及黄瓜开花期、产量等性状的杂种优势；进一步优化了白菜和甘蓝小孢子、辣椒花药培养的培养基以及黄瓜大孢子培养体系；定位或精细定位了辣椒抗青枯病、辣椒雄性不育恢复、大白菜雄性不育恢复BrRfp1、番茄雄性不育ms-15[26]、黄瓜雄性不育、黄瓜硬刺Hard和果刺等基因；构建了辣椒、黄瓜高密度图谱及辣椒生物信息学数据库。获得亲和指数SI>5的白菜新材料8份，优异甘蓝自交系8份，番茄优良自交系8份，辣椒优异资源6份，不同类型黄瓜资源材料100多份。选育出白菜、甘蓝、番茄、辣椒和黄瓜强优势新组合50多个，累计推广2.03万公顷。

不同基因型白菜出胚率

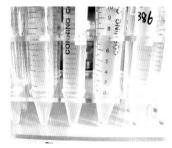

规模化提取白菜游离小孢子

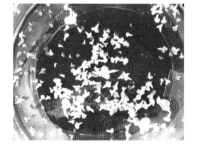

成功改良高难诱导材料出胚率

白菜高通量优良小孢子培养技术

（3）我国优势产区落叶果树农家品种资源调查与收集

中国农业科学院郑州果树研究所曹尚银科研团队对21个省（市）、210多个县果树优势分布区进行了调查，共收集农家品种资源1400份；完成351份农家品种的花粉电镜观察，完成500份石榴等果树的倍性分析，石榴胚胎学电镜观察30份；构建了1个落叶果树农家品种资源图文数据库，目前已收录1400条品种信息；开发了1个落叶果树农家品种资源GIS信息管理系统，制备农家品种资源标本844份；通过省级审定品种5个；出版了大型专著《中国果树志·石榴卷》，编写了《中国石榴地方品种图志》等14部大型著作。

28

畜牧学科集群

(1)肉牛全基因组选择分子育种技术体系的建立与应用

中国农业科学院北京畜牧兽医研究所李俊雅科研团队针对亟待缩小我国肉牛群体生产性能与发达国家的差距、完善育种技术体系以及提升我国肉牛业生产效率、种业国际竞争力等技术需求,构建了我国第一个肉牛基因组选择参考群,并创建了肉牛全基因组选择技术平台,提出了预测基因组育种值以及全基因组关联分析新方法,发掘了与肉牛主要经济性状相关联的基因和标记,制定了肉牛全基因组选择指数GCBI;研制并开发了一款10K低密度生物芯片,可有效替代770K高密度芯片对重要经济性状进行遗传评估,降低了肉牛全基因组选择成本。该技术已在内蒙古、吉林、新疆、河南、山东等省(自治区)11个种公牛站及西门塔尔牛核心育种场推广,新增经济效益11.48亿元。

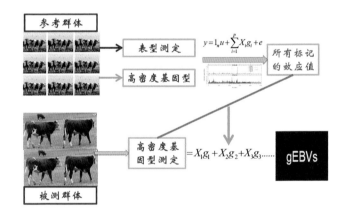

（2）新型饲用抗生素替代品创制与应用

中国农业科学院饲料研究所王建华科研团队建立了抗菌肽设计、机理表征、高产表达技术平台。针对奶牛乳房炎、鸡坏死性肠炎、仔猪腹泻及病原菌胞内逃逸，创制专抗金黄色葡萄球菌肽MP和DLP、专抗大肠杆菌和沙门氏菌肽N和CPP/T11-N、及乳源广谱抗菌与营养强化兼用肽Lfcin等，搭建基于高产元件、融合减毒等专用高产制备体系达2~3克/升，产品有效替代硫酸粘杆菌素等饲用抗生素。创制基于肠杆菌科外膜蛋白的亚单位通用疫苗及畜禽用耐高温防腹泻益生双效布拉酵母。共创制25种新型饲用抗生素替代品，推广应用新产品16.99万吨，产值7.67亿元，直接增效1.47亿元，间接增效300亿元，替代抗生素2.04万吨，比例超50%，取得良好的经济、生态和社会效益。

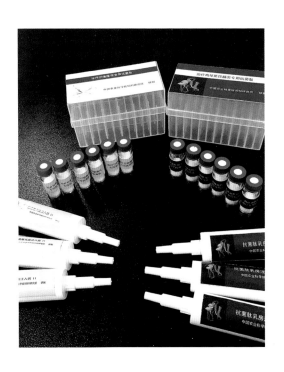

（3）北方半干旱区优质饲草关键技术研究与应用

中国农业科学院草原研究所侯向阳科研团队针对制约我国北方半干旱区草牧业发展的抗逆品种短缺、优质饲草生产加工技术薄弱、生产效率低等问题，开展饲草关键技术联合攻关研究。育成饲草新品种13个，构建了饲草种质资源库和中国苜蓿核心种质库。创建了北方半干旱区优质饲草高效栽培技术体系；研制出适合半干旱区中小规模饲草生产的高效低损经济型系列收获机械10套、玉米青贮专用微生物接种剂2种，集成了青贮接种剂制备及优质草产品加工技术。组装集成形成了不同类型区旱作节水饲草生产技术体系。2008—2015年累计示范推广饲草新品种164.93万公顷，应用推广生产收获加工技术制作青贮饲料1036.4万吨，获得经济效益115.66亿元，对推动我国北方干旱区农业结构转型升级、草牧业快速发展、区域可持续发展发挥了重要作用。

兽医学科集群

（1）国产化高等级病原微生物模式实验室

中国农业科学院哈尔滨兽医研究所王笑梅科研团队主持的"十三五"重点研发计划项目"国产化高等级病原微生物模式实验室"，完成了我国第一个国产化P4模式实验室围护结构建设及生命支持系统等关键设备的自主研制和安装。提出了亨德拉病毒等3种感染因子实验室操作过程的风险评估报告；提出了尼帕病毒、布鲁氏菌感染猪、羊等动物实验的风险控制措施；并对生物反应器及发酵罐关键部位进行改造以控制风险。开发了我国第一套P4实验室设施设备维护等5个计算机管理系统，以及实验室网络协同系统的主体架构，并制定了数据接口标准；编写完成了我国第一套P4实验室VR模拟教学系统和考试题库，并进行实操培训，为高等级生物安全实验室的全面国产化运行奠定坚实基础。

国产化模式实验室外景

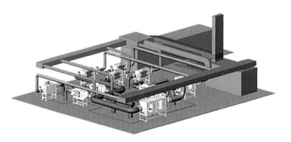

模式实验室内部布局：高效过滤单元、通风管道、送排风机组、化淋配液系统等

自主研制的污水处理系统

（2）家禽重要疫病诊断与检测新技术研究

中国农业科学院哈尔滨兽医研究所王云峰科研团队发掘和筛选了禽流感、新城疫、禽致病性大肠杆菌等病原的诊断标识15个；研制了家禽重大疫病、重要呼吸系统病、重要免疫抑制病、重要细菌病、重要水禽病以及新发病等相关的30余项诊断技术和方法，获得新兽药证书1项。初步完成鸡毒支原体核酸适配体诊断标识与核酸适配体筛选技术的研究；初步设计高通量禽病

微流控生物芯片并合成了5种特异性抗原，制备了4种特异性抗体；初步构建了鸡免疫抑制病可视化芯片；研制了恒温扩增微流控芯片工艺研究和完成了检测原理机的组装并进行了试验；开展禽白血病等重要病原抗原表达、纯化等工艺研究及抗体标记技术研究；制作和完善兽医技术资源库和重要疫源地的基础信息库，开展了以互联网为基础的自助诊断系统和专家诊断系统的网站设计编写。

（3）动物流感病毒的进化及其致病和传播机制研究

中国农业科学院哈尔滨兽医研究所陈化兰科研团队发现2017年年初分离的一些H7N9病毒在血凝素蛋白裂解位点发生变异，这类变异株对鸡具有高致死性，对小鼠和雪貂无致病力，但在雪貂体内复制一代后即可获得适应哺乳动物的关键突变，突变后的毒株对小鼠的致病力增加万倍以上，可引起雪貂严重发病、死亡，并在雪貂之间经呼吸道飞沫传播，揭示它们对人类蕴藏着极大危害风险。因为涉及重大动物疫病防控和公共卫生安全，相关研究发现已实时上报政府有关部门，为家禽和人H7N9流感防控政策制定提供了重要科学依据。在欧亚类禽型H1N1猪流感病毒的哺乳动物宿主传播能力研究方面，揭示病毒血凝素蛋白G225E突变可以通过提高病毒的包装和出芽效率加强病毒复制和传播能力。此外，还发现H5N1流感病毒血凝素蛋白发生G158N突变后获得了一个新的糖基化位点，该发现有望在研究病毒的动物致病力增强机制方面有所突破。

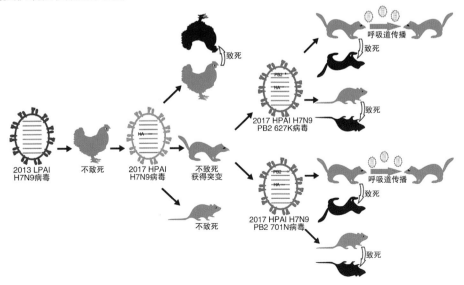

（4）新型动物专用化学药物的创制及产业化关键技术研究

中国农业科学院兰州畜牧与兽药研究所张继瑜科研团队进一步完善了五氯柳胺混悬液的实验室制备及中试生产工艺，建立了药物质量控制标准和药物残留检测的高效液相色谱–质谱联用方法，开展了药物在牛可食性组织和牛奶中的残留消除研究，制定了药物休药期，并完成了药物的靶动物安全性和临床试验研究；完成了加米霉素全部药学和临床试验工作，新药申报进入质量复核阶段；完成了维他昔布在靶动物猫体内的药代动力学研究，建立并确证了定量检测分析方法，建立了口服片剂生产线，实现了维他昔布制剂批产量10万片的生产。目前已取得国家新兽药3项，建立中试生产线1条。

33

农业资源与环境学科集群

（1）畜禽粪便环境污染核算方法和处理利用关键技术研发与应用

中国农业科学院农业环境与可持续发展研究所董红敏科研团队建立了我国第一套畜禽养殖业源产排污系数核算方法；创建了畜禽养殖场"三改两分"污水源头减量工艺；集成创建了以粪便综合养分管理为基础的种养结合模式、以"三改两分"工艺为核心的清洁回用模式、以收贮运装备和合作机制为关键的集中处理模式。成果已在11个省的2687个养殖场废弃物处理工程中应用，年减排COD159万吨，总氮12.4万吨，总磷2.4万吨，实现经济效益32.6亿元。该成果还用于国务院发布的《第一次全国污染源普查公报》，写入《农业环境突出问题治理总体规划（2014—2018）》《农业部关于打好农业面源污染攻坚战的实施意见》和《畜禽养殖标准化示范创建活动工作方案》等政策文件和规划方案中，为养殖污染防治和农业可持续发展提供科学依据。

34

（2）肥料养分推荐与限量标准

　　中国农业科学院农业资源与农业区划研究所何萍科研团队在肥料养分推荐方法和化肥减施增效技术方面取得重要进展，建立了小麦、玉米和水稻推荐施肥模型及基于微信平台的养分专家推荐施肥系统；获得了马铃薯、大豆、新疆地区棉花、长江流域冬油菜的最佳养分吸收特征；初步建立了萝卜、白菜产量反应和农学效率的定量关系、推荐施肥模型参数；确定了我国三大粮食作物区域尺度的氮磷钾推荐施肥量；初步揭示了有机肥料养分的释放规律和土壤微生物种群的演替特征，发现了典型潮土腐殖物质的潜在演化途径，形成了以养分专家系统推荐施肥、有机替代、秸秆还田和机械深施为核心的化肥减施增效技术体系。

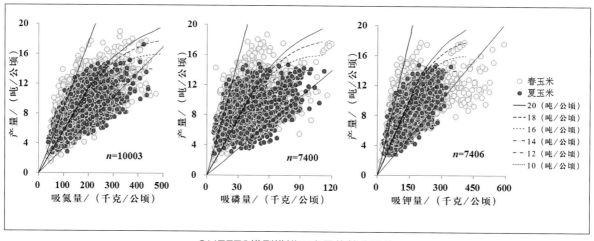

QUEFTS模型模拟玉米最佳养分吸收

（3）北方草甸退化草地治理技术与示范

中国农业科学院农业资源与农业区划研究所唐华俊科研团队，针对草甸和草甸草原退化机理及恢复机制研究相对薄弱、缺少系统性理论成果的研究现状，集成了现有野外长期实验平台，对草甸和草甸草原长期动态数据进行了挖掘分析。初步探索了北方草甸草地退化评估的量化指标与分级分类体系，以及退化草甸和草甸草原的恢复评价定量标准。围绕呼伦贝尔、锡林郭勒、科尔沁、松嫩平原和寒地黑土区等5个重点区域的草甸草地退化特征，设计了草地恢复治理技术试验，开展了退化草甸和草甸草原治理及恢复后合理利用技术研究，定量分析了不同改良措施在不同区域的生态效应、生产效果、经济效益定量，初步筛选了6项恢复治理技术，开展退化草甸草地恢复治理技术示范400公顷。

①退化草地补播技术　②根茎植物克隆生长促进　③植物群落结构调控技术

植被恢复改良技术试验

①土壤疏松激活技术　②客土压碱技术　③覆沙压碱技术

土壤修复培育技术试验

①退耕地恢复利用技术　②合理刈割利用技术　③适应性放牧利用技术

草地合理利用技术试验

（4）盲蝽类重要害虫灾变规律与绿色防控技术

中国农业科学院植物保护研究所吴孔明科研团队针对为害我国棉花、果树、茶树和苜蓿等作物生产的盲蝽类害虫进行了系统研究，阐明了寄主选择、性信息素通讯、趋光行为等主要生物学习性，揭示了由趋花行为介导的盲蝽种群发生规律；明确 Bt 棉田农药减少、高毒农药禁用以及果树等嗜好作物面积增加，是引起盲蝽区域性暴发灾变的主要生态学机制；发展了盲蝽调查技术与预报方法，构建了测报技术体系并建立了全国性检测预警网络；研制了性诱剂、专用诱虫灯等防治技术产品，提出了切断种群季节性寄主转移路径的控制策略，构建了以行为阻断和生物防治为核心的盲蝽绿色防控技术体系。该成果累计推广应用477.67万公顷，短期、中期预报准确率分别达95%和90%，果树与茶树、棉花与苜蓿上盲蝽防控效果分别达85%、90%以上，盲蝽为害损失控制在3%～5%，化学杀虫剂使用量减少30%～50%，为实现我国2020年农药使用量零增长的目标提供了成功经验和参考案例。

农业工程与机械学科集群

（1）旱田全量秸秆覆盖地免耕洁区播种关键技术与装备

中国农业科学院南京农业机械化研究所胡志超科研团队创制的旱田全量秸秆覆盖地免耕洁区播种关键技术与装备，彻底破解了传统免耕播种设备在旱田全量秸秆覆盖地作业存在的挂草壅堵、架种、晾种难题，满足了旱田全量秸秆覆盖地免耕播种市场需求，为秸秆禁烧、实现就地还田肥料化利用提供了有力技术与装备支撑。成果技术连续3年被农业部列为主推技术，并有偿转让给5家农机企业，项目实施中亦为相关企业提供了技术咨询与服务，显著提升了其产品性能和质量。成果产品近两年共销售1291台，直接经济效益达4534.93万元，已在苏、豫、皖、鲁、冀、津、辽、黑等地推广应用，取得了良好的经济、社会与生态效益。

（2）作物需水信息采集与智能控制灌溉技术

中国农业科学院农田灌溉研究所段爱旺科研团队研发了一套作物需水信息自动采集与智能控制灌溉新技术。该技术的应用不仅可以有效提高灌溉的精准性，提高作物产量、品质和灌溉水利用效率，还可以大幅度提高肥料的有效利用率，减少农田面源污染发生的可能性及危害程度，对于实现农业生产"一控二减三基本"的目标具有重要的科技支撑作用。研究成果分别在北京、新疆、陕西、河南等地得到规模化应用，其中应用于冬小麦/夏玉米1.87万公顷，棉花330公顷。年均增产粮食1800千克/公顷，节水1500~2250立方米/公顷；截至2016年年底，累计增产粮食3371万千克，增产皮棉14.00万千克，节水7078万立方米，节本增效7945万元。

38

农产品质量安全与加工学科集群

（1）马铃薯主食加工关键技术研发与应用

中国农业科学院农产品加工研究所张泓科研团队围绕马铃薯主食产品与加工专用品种评价、加工关键技术、核心装备与生产线、重大产品创制与应用等开展系统研究，创建了马铃薯主食加工原料和产品的评价方法；突破了马铃薯中式加工主食黏度大、成型难、发酵难等技术瓶颈；发明了与马铃薯主食加工工艺单元相匹配的关键部件及专用核心装备，创建了马铃薯主食加工系列生产线；创制了五大类200余种马铃薯主食产品。该技术成果在9省7市50余家企业实现转化应用，引领和支撑了中式马铃薯主食产业发展。产品生产总量18.9万吨，累计销售额45.4亿元，已为社会新增经济效益8.9亿元。带动20万农户种植马铃薯，增加农民收入4.0亿元。

（2）主要粮油产品储藏过程中真菌毒素形成机理及防控基础

中国农业科学院农产品加工研究所刘阳科研团队揭示了粮油产品储藏过程中真菌菌群发生、毒素形成、积累、为害和解毒的生理生化与分子机理；揭示了光、温、湿等环境因子对菌群发生、毒素形成、真菌及毒素为害储粮的影响机理；构建了针对我国储粮特点的真菌及其毒素早期预警、阻断、抑制和去除技术体系。研发的真菌毒素监测预警和抑制脱毒技术，为粮油储藏加工企业提供了模式参考及技术支撑，促进了我国粮油质量安全水平提升，取得了良好的经济效益和社会效益。

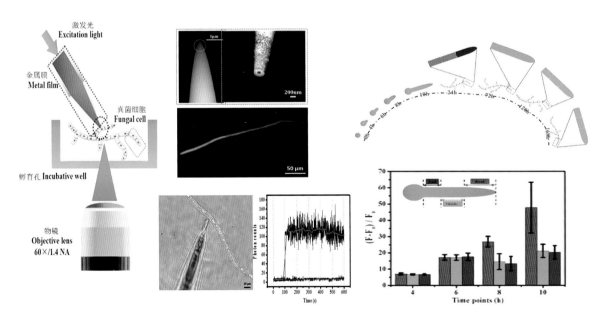

肉桂醛调控胞内活性氧抑制黄曲霉生长和产毒

（3）新型农业投入品与优势特色农产品质量评价标准与标准样品实物研究

　　中国农业科学院农业质量标准与检测技术研究所杨曙明科研团队针对新型肥料、饲料等投入品，稻米、玉米、猪肉等优势大宗农产品，茶叶、石斛、烟草等优势特色农产品，开展标准制定和标准样品研制，为农业生产过程质量控制和产品质量评价提供参考基础及标准支撑。已立项国家标准8项、行业标准10项、标准样品23项。其中，肥料中"赤霉酸""植物生长调节剂"及饲用"葡萄糖氧化酶"等新型投入品的检测方法标准及"饲料添加剂——嗜酸乳杆菌"等产品标准，为国家加强对新型肥料及饲料的监管提供了有力的技术支撑。"稻米直链淀粉和垩白度标准样照""小麦玉米感官评价用不完善粒标准样照""猪肉大理石花纹、肉色及脂肪色分级用标准图谱标准样照"及"天麻素""人参皂苷""茶黄素"天然产物标准样品，为进一步提高我国优势农产品质量控制与评价、水平分级及全面促进我国农业提质增效提供了有利的技术保障。

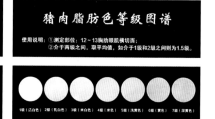

猪肉颜色等级图谱　　　　猪肉大理石纹等级图谱　　　　猪肉脂肪色等级图谱

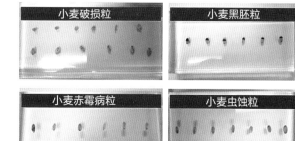

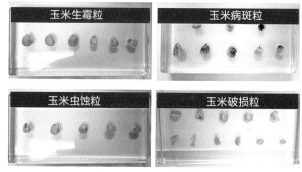

典型小麦不完善粒标准样品　　　　　　典型玉米不完善粒标准样品

农业信息与经济学科集群

（1）"互联网+农技推广"云平台创建与应用

中国农业科学院农业信息研究所王文生科研团队率先在全国创建了基于云架构、支持千万级用户和大数据处理的首个"互联网+农技推广"云平台，建立了基于移动互联的基层农技推广管理和服务信息技术应用方法，研制了动态、定向、便携式和小型化的农情快速采集智能终端，开发了针对不同用户群体的具备40余项功能的多种移动客户端，使用用户近千万，实现"互联网+农技推广"信息化服务覆盖全国2600多个农业县。平台在全国各地的示范应用取得了显著的效果。

（2）粮食生产功能区和重要农产品生产保护区利益补偿机制研究

中国农业科学院农业经济与发展研究所王济民科研团队基于国家建立粮食生产功能区和重要农产品生产保护区"两区"的战略意图，梳理了主产区利益、农民收益与粮食安全之间的内在关系，分析了目前粮食主产省与非主产省、"两区"重点县与非重点县、种粮农户与非种粮农户之间的利益差距，从地方政府和农户两个层面分别测算了保障"两区"地方政府重农抓粮不吃亏的财政补偿方案和保障两区农民务农种粮不吃亏的经济补偿方案，提出优化"两区"利益关系的对策建议。研究为构建"两区"的差异化政策体系提供了决策支持和实证参考。

国内科技合作

（1）院地务实合作

重点组织开展了与陕西安康、河南新乡、山东德州等地的务实合作，组织茶叶、植保、加工、玉米、水稻等14个团队首席专家赴安康调研考察，推进富硒产业研究院共建工作和合作研发项目，举办农业科技管理人员培训班，提升了科技素质，促进了区域现代农业的发展。加大援疆援藏工作力度，提高了边疆地区的自我发展能力。与新疆生产建设兵团签署了战略合作协议，通过共建示范转化基地、合作实施科技项目、联合培养人才等方式，加快了兵团现代农业发展。

（2）科技精准扶贫

组织专家在太行山区的阜平，武陵山区的湘西、恩施，以及大兴安岭南麓片区等贫困地区开展了对口帮扶和定点扶贫行动，有力提升了贫困地区的自我发展能力。重点组织院属单位的科研团队对阜平开展"集团军"式的对口帮扶工作，蔬菜花卉研究所、郑州果树研究所、蜜蜂研究所等单位先后组织举办了27场专项技术培训，培训农业技术人员、种养大户等2800多人次，加快了当地农民脱贫致富步伐。

国际科技合作

2017年,中国农业科学院大力推进"一带一路"倡议实施,构建面向全球的创新合作网络,全力推动农业科技"走出去",与全球合作伙伴一起,共谋创新路,携手探新知,助力我院科技创新能力提升和世界一流研究院所建设。

（1）组织建院60周年系列重大国际活动

围绕我院建院60周年学术交流活动和习近平总书记贺信,召开"国际农业科技发展峰会""中欧农业技术合作工作组会议""中非农业科研机构'10+10'合作机制建设"等农业科技合作会议以及国际设施园艺大会、第三届国际入侵生物学大会等国际学术会议,拓宽与"一带一路"沿线国家开展农业科技合作的渠道,推进我院世界一流农业科学中心的建设。

44

（2）推进中国农业科学院海外农业研究中心各项工作

制定《中国农业科学院海外农业中心发展规划》并组织实施，发布15种农产品的需求报告，完成65个"一带一路"沿线国家的国别报告，为32家"走出去"企业提供技术支撑。成功召开海外农产品市场研究发布会，建设海外农业高端智库、搭建海外农业合作平台和培养海外农业人才，承办农业部首期"扬帆出海工程人才培训"项目活动。

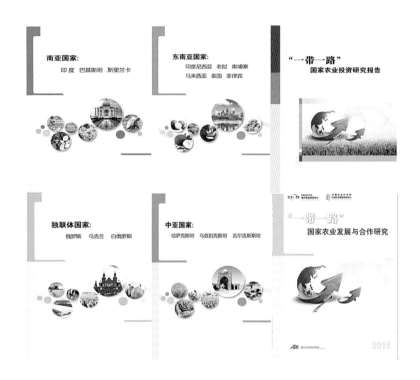

（3）牵头组织全国农业科技国际合作，积极推进和培育国际合作大科学计划（工程）

组织召开第二十二届全国农科院系统外事协作网会议，倡议建立全国农业科技走出去联盟，集成全国农业科技创新力量，重点与CGIAR、CABI、EU、G20、APEC农业技术工作组、IAEA等国际组织合作，成果显著。牵头"中非农业科研机构'10+10'合作机制"，签署相关协议8份。积极与科技部、农业部沟通推进发起以我为主的大科学计划，并推动CGIAR重大项目、欧盟农业与食品专项、法国农业科学院大科学计划、澳大利亚联邦科工组织旗舰项目、中英牛顿基金项目与我院提出的国际合作大科学计划对接。

（4）积极拓展国际合作伙伴关系，优化全球化布局

与加拿大农产食品部、捷克作物科学研究所、新西兰梅西大学、哥伦比亚农业科学院、国际林业研究中心、乌兹别克斯坦国家农业科学和生产中心等国外农业科研单位签署院级合作协议和备忘录23份，新建"中–捷农业研发中心""中–智联合农业研究中心""中–韩药用植物联合实验室""中–俄抗寒葡萄与葡萄酒联合实验室""中–挪饲料加工联合实验室"等国际联合实验室（平台）23个，巩固提升16个，开拓了与乌兹别克斯坦、哥伦比亚、智利等国家，与FAO、IAEA、CGIAR中心、CABI等国际组织搭建国际合作平台的新型合作机制，提升了我国农业科技领域国际合作能力建设及国际影响力。

（5）实施国际合作项目，开展人才培养

与科技部沟通我院"一带一路"国际合作战略专项的遴选情况，加强国家国际合作、引智等项目的申报组织工作，人才培养国际项目的申报成功率大幅提升。2017年，我院共组织申报各类国际合作项目438项，获得批准174项，项目经费1.04亿元人民币。举办援外国际培训班20个，对28个国家的629名学员进行了专项技术培训。

（6）推进农业科技"走出去"

2017年，在俄罗斯、巴基斯坦、印尼等市场投放禽流感疫苗并在印尼投资建厂实现本地化生产，主持援建的中国-哈萨克斯坦农业科学联合实验室建设工作基本完成。

为东南亚多个国家提供70余个杂交水稻新品种，开展品种测试并在印尼开展制种生产；绿色超级稻项目在亚非18个目标国家进行了68个绿色超级稻品种的示范和推广工作。

"走出去"棉花品种2个、技术3项。7个苹果品种、2个桃品种在海外开展新品种测试。《五味子种子种苗国际标准》正式出版。接收了"一带一路"沿线32个国家的外国留学研究生新生203人。

（7）讲好中国农业科技故事

在《中国日报》以专版刊发中国农业科学院建院60周年纪念活动，制作院英文宣传片，全面宣传我院科技创新、成果转化、平台建设、人才培养和国际合作伙伴网络等成就，提升我院国际影响力。

人员构成

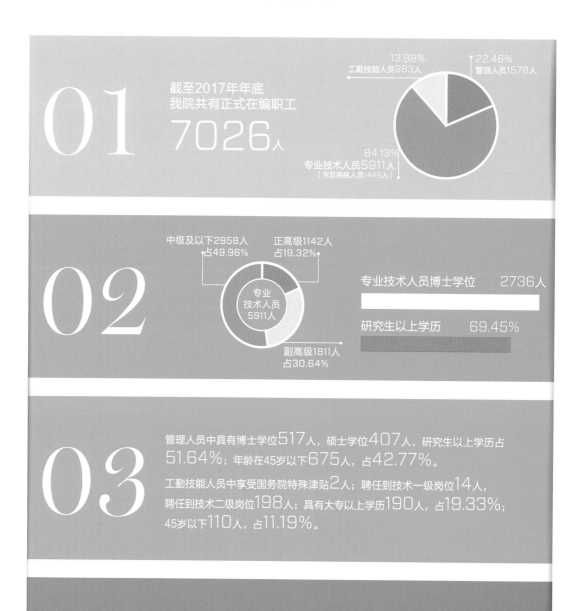

01 截至2017年年底
我院共有正式在编职工
7026人

13.99%
工勤技能人员983人

22.46%
管理人员1578人

84.13%
专业技术人员5911人
（含双肩挑人员1446人）

02

中级及以下2958人
占49.96%

正高级1142人
占19.32%

专业
技术人员
5911人

副高级1811人
占30.64%

专业技术人员博士学位　　2736人

研究生以上学历　　69.45%

03 管理人员中具有博士学位517人，硕士学位407人，研究生以上学历占51.64%；年龄在45岁以下675人，占42.77%。

工勤技能人员中享受国务院特殊津贴2人；聘任到技术一级岗位14人，聘任到技术二级岗位198人；具有大专以上学历190人，占19.33%；45岁以下110人，占11.19%。

04 现有中国科学院和中国工程院院士13人；国家特支计划（"万人计划"）入选者28人；国家有突出贡献中青年专家26人；享受国务院政府特殊津贴人员108人；百千万人才工程国家级人选66人；科技部"创新人才推进计划"中青年科技创新领军人才33人，重点领域创新团队8个；中华农业英才奖获得者11人；农业科研杰出人才82人。

研究生教育

2017年，中国农业科学院研究生院"学院制"建设取得重大进展，"兽医学院"运行良好，"国际教育学院"建设积极推进，"深圳研究生院"启动建设，制定了《中国农业科学院研究生院关于加强研究生教育质量保障体系建设的若干意见》。根据教育部2017年发布的第四次全国学科评估结果，中国农业科学院作物学、植物保护、畜牧学和兽医学4个一级学科被评为A+，生物学、农业资源与环境2个一级学科被评为A-，食品科学与工程、园艺学、生态学、草学4个一级学科被评为B+，农林经济管理一级学科被评为B。

研究生院现有研究生导师1797人，其中博士生导师556人，专兼职教师508人。在校研究生5119人，其中博士研究生1595人，硕士研究生3524人。2017年招收研究生1591人（博士生335人，硕士生754人，非全日制专业学位硕士258人，留学生203人，中外合作办学博士生41人）。2017年毕业研究生1083人，其中授予博士学位231人，授予硕士学位852人。

2017年，研究生院招收留学生203人，其中博士留学生184人、中国政府奖学金留学生101人。目前在校留学生394人，其中博士生357人，涵盖38个学科专业，涉及30个研究所。生源来自亚洲、非洲、欧洲、美洲和大洋洲的53个国家。2017年毕业研究生46人，其中授予博士学位39人、硕士学位7人，3名博士留学生荣获2017年度中国政府优秀来华留学生奖学金。

经费情况

全院2017年度总收入72.12亿元。当年财政拨款收入35.50亿元，其中科技创新工程专项经费8亿元。

2017年全院财政总收入

72.12亿元

其中当年财政拨款35.50亿元

科技平台

主要科学研究平台：建有2个国家重大科技基础设施、1个国家动物疫病防控高级别生物安全实验室；建有6个国家重点实验室、1个省部共建国家重点实验室、22个农业部综合性重点实验室、40个农业部专业性重点实验室、30个农业部农产品质量安全风险评估实验室、52个院级重点实验室。

主要技术创新平台：建有5个国家工程技术研究中心、5个国家工程实验室、2个国家工程研究中心、22个国家品种改良中心（分中心）、18个国家农业产业技术研发中心、32个院级工程技术研究中心。

主要基础支撑平台：建有4个国家科技基础条件平台，11个国家农作物种质资源库、12个国家农作物种质资源圃，长期保存作物品种资源48万份，居世界第二位；建有5个国家野外科学观测试验站、3个国家级产品质量监督检验中心、31个部级质量监督检验测试中心、3个国家参考实验室、2个联合国粮农组织（FAO）参考中心和7个世界动物卫生组织（OIE）参考实验室。拥有农业专业书刊馆藏亚洲第一、世界第三的国家农业图书馆。

试验基地

中国农业科学院科研试验基地网络由试验示范、观测监测、中试转化三大基地体系组成，共计103个基地，分布在27个省（市、自治区），土地总面积6074公顷，基地管理人员1250名。

2017年，实施基本建设、修缮购置等条件建设项目67个，经费2.20亿元。全院基地新增建筑面积2.17万平方米，改造试验田112.93公顷，购置农机具77台（件），仪器设备370台（套）。实施科研项目1429项，总经费5.66亿元。以试验基地数据为支撑，全院共获得省部级以上科技奖励成果49项，发表高水平论文2253篇，审定新品种153个，获得授权专利567项。

在试验基地举办现场会、观摩会274次，参加人员2.1万人次；举办技术培训班189次，培训农民和技术人员2.2万人次；推广新品种279个，推广面积384万公顷；推广新技术96项，推广面积386万公顷，畜禽104万头；推广新产品36个，推广面积306.67万公顷。

中国农业科学院组织机构图

院长　党组书记

副院长、党组副书记、党组成员

院 机 关

院办公室　科技管理局
人 事 局　财 务 局
基本建设局　国际合作局
成果转化局　直属机关党委
监 察 局

后勤服务中心（局）

中国农业科学院研究生院

在京研究所

作物科学研究所
植物保护研究所
蔬菜花卉研究所
农业环境与可持续发展研究所
北京畜牧兽医研究所(中国动物卫生与
流行病学中心北京分中心)
蜜蜂研究所
饲料研究所
原子能利用研究所（农产品加工研究所）
生物技术研究所
农业经济与发展研究所
农业资源与农业区划研究所
农业信息研究所
农业质量标准与检测技术研究所（农
业部农产品质量标准研究中心）
农业部食物与营养发展研究所

中国农业科学技术出版社
（中国农业科学院农业传媒与传播研究中心）

京外研究所

农田灌溉研究所（河南新乡）
中国水稻研究所（浙江杭州）
棉花研究所（河南安阳）
油料作物研究所（湖北武汉）
麻类研究所（湖南长沙）
果树研究所（辽宁兴城）
郑州果树研究所
茶叶研究所（浙江杭州）
哈尔滨兽医研究所(中国动物卫生与流行病
学中心哈尔滨分中心)
兰州兽医研究所(中国动物卫生与流行病学
中心兰州分中心)
兰州畜牧与兽药研究所
上海兽医研究所(中国动物卫生与流行病学
中心上海分中心)
草原研究所（内蒙古呼和浩特）
特产研究所（吉林长春）
农业部环境保护科研监测所（天津）
农业部沼气科学研究所（四川成都）
农业部南京农业机械化研究所（江苏南京）
烟草研究所（山东青岛）
农业基因组研究所（广东深圳）
都市农业研究所（四川成都）

共建单位

柑桔研究所（四川重庆）
甜菜研究所（黑龙江呼兰）
蚕业研究所（江苏镇江）
农业遗产研究室（江苏南京）
水牛研究所（广西南宁）
草原生态研究所（甘肃兰州）
家禽研究所（江苏扬州）
甘薯研究所（江苏徐州）
长春兽医研究所

主要科技平台设置

表1 国家重大科学工程

序号	平台名称	研究方向	依托单位
1	农作物基因资源与基因改良国家重大科学工程	新基因发掘与种质创新、作物分子育种、作物功能基因组学、作物蛋白组学、作物生物信息学	作物科学研究所生物技术研究所
2	国家农业生物安全科学中心	重大农林病虫害、外来入侵生物、农林转基因生物安全	植物保护研究所

表2 国家重点实验室

序号	实验室名称	研究方向	依托单位
1	植物病虫害生物学国家重点实验室	植物病害成灾机理、监测预警与综合治理、植物虫害成灾机理、监测预警与综合治理、生物入侵机制与防控、植保生物功能基因组与基因安全	植物保护研究所
2	动物营养学国家重点实验室	营养需要与代谢调控、饲料安全与生物学效价评定、营养与环境、营养与免疫、分子营养	北京畜牧兽医研究所
3	水稻生物学国家重点实验室	水稻种质改良与创新遗传学、水稻发育生物学、水稻环境生物学和分子育种	中国水稻研究所
4	兽医生物技术国家重点实验室	畜禽传染病的分子生物学基础、致病及免疫机制以及预防、诊断或治疗用细胞工程和基因工程制剂	哈尔滨兽医研究所
5	家畜疫病病原生物学国家重点实验室	动物和主要人畜共患病的病原功能基因组学、感染与致病机理、病原生态学、免疫机理、疫病预警和防治技术基础	兰州兽医研究所
6	棉花生物学国家重点实验室	棉花基因组学及遗传多样性研究；棉花品质生物学及功能基因研究；棉花产量生物学及遗传改良研究；棉花抗逆生物学及环境调控研究	棉花研究所

表3 国际参考实验室

序号	实验室名称	研究方向	依托单位
1	FAO动物流感参考中心	跨境动物疫病、人畜共患病防控	哈尔滨兽医研究所
2	FAO沼气技术研究培训参考中心	沼气相关领域的政策研究和技术支撑	农业部沼气科学研究所
3	OIE马传染性贫血参考实验室	以马传贫等为主的马的重要传染病病原学与致病机理及诊断、防控技术研究；同时开展以马传贫为模型的慢病毒免疫机制研究	哈尔滨兽医研究所
4	OIE马流感参考实验室	马流感的诊断、流行病学、病原学研究以及诊断试剂和防控疫苗的研发	哈尔滨兽医研究所
5	OIE口蹄疫参考实验室	口蹄疫诊断；生态学、分子流行病学、免疫学研究；防控技术及产品研究	兰州兽医研究所
6	OIE羊泰勒虫病参考实验室	羊泰勒虫病病原鉴定、流行病学、诊断技术和防控策略研究	兰州兽医研究所
7	OIE禽传染性法氏囊病参考实验室	禽免疫抑制	哈尔滨兽医研究所
8	OIE禽流感参考实验室	高致病性禽流感诊断、流行病学监测、致病机理和防控技术	哈尔滨兽医研究所
9	OIE人兽共患病亚太协作中心	动物疫病防控	哈尔滨兽医研究所

表4 生物安全高级别实验室

序号	实验室名称	研究方向	依托单位
1	国家动物疫病防控生物安全高级别实验室	满足国家生物安全战略和国家公共卫生防控需求，开展重大人兽共患病与烈性外来病相关基础研究和应用研究	哈尔滨兽医研究所